走进
奇妙的
自然世界

［以］尤瓦·左默 / 著绘

范晓星 / 译

上海人民美术出版社

这个小脚印藏在书中的 15 个地方，
你能全部找出来吗？
小心会有"伪装者"哟。

在这本书里，我会用自己的方式，赞美人与自然的那些美好的关系。

从我们呼吸的空气、吃的食物、去过的奇异的地方、体验的快乐中，你都能发现我们的生活与自然的息息相关之处。我们与自然联系得越深，就越能重新认识自己。

我愿将此书献给所有喜欢爬树、赤脚奔跑、在水洼中嬉戏、寻找甲虫、与鸟儿一起唱歌、品尝雪花以及数星星的孩子们。

因为我们都属于自然，自然也属于我们所有人……

尤瓦·左默
YUVAL ZOMMER

目 录

谁与我们生活在一起

有多少种生物与我们共享地球？

我们目前还不确定！科学家们几乎每天都会在海洋和雨林中发现新的物种，我们目前已知的生物物种数以百万计。这些生物根据相似的特征而被分门别类。

哺乳动物

哺乳动物有脊柱，通常身上长有毛发，比如我们人类。大多数哺乳动物通过胎生的方式繁殖下一代。有些哺乳动物，例如鲸，生活在海洋里。

无脊椎动物

无脊椎动物是没有脊柱的动物，包括昆虫、蜘蛛和甲壳动物等，例如螃蟹和龙虾。

鱼类

鱼类生活在河流、湖泊、溪流、池塘和海洋中，它们用鳃在水下呼吸，绝大多数鱼身上都覆盖着鱼鳞。

6

鸟 类

鸟类身上长有羽毛，它们都以产卵的方式繁殖后代。大多数鸟会飞行，也有少数喜欢稳稳地站在地上，或者在水里游泳！

植 物

从小小的草到参天的大树，植物形态各异，大小不一。植物非常重要，因为它们能给动物提供栖息地和食物，并且能为我们制造赖以生存的氧气。

两栖动物

两栖动物，例如青蛙和蝾螈，需要有潮湿的环境才能生存。它们喜欢生活在池塘和湿地附近。

爬行动物

爬行动物包括鳄鱼、蛇和蜥蜴等。大多数爬行动物有着干干的、鳞状的皮肤，喜欢生活在温暖的地方，例如沙漠和热带雨林中。

我们都是独一无二的

自然缘何伟大？

每个生命都是独一无二的。如果你仔细观察的话，就会发现，每一个指纹、每一片树叶，都是不一样的。

复杂的树叶

从远处看，树上的叶子看起来都差不多。但是如果你仔细地看，就会发现，每片树叶都有各自独特的叶脉纹路。

显眼的条纹

每头斑马的条纹也不尽相同。这样小斑马就可以在一群斑马里找到自己的妈妈。

只此一个

黑星宝螺的贝壳表面布满了美丽的棕色与灰褐色斑点。没有两个黑星宝螺是相同的。

独一无二的雪花

雪花从天上飘落。看起来它们都一样，可是如果你在显微镜下观察的话，就会发现每片雪花都是各不相同的。

找不同

长颈鹿的脖子长长的，让人一眼就能看到它们。它们皮毛上面的花斑和点点图案也都各不相同。

家，美好的家

我们如何建造家园？

每个生命都需要一个家，家意味着安全、温暖和被保护的感觉。不只我们人类会为自己建造家园，动物们也会利用在栖息地找到的各种材料来搭建自己的家。

小而舒适

巢鼠喜欢把家安在高高的植物茎秆上。它会用小麦叶和其他的草叶子编织一个小小的、球形的巢，大概有直径 10 厘米大小。

更换贝壳

寄居蟹将贝壳当作移动的家。随着寄居蟹不断生长，它们会不时换一个大一点的贝壳。

爱之巢

为了吸引雌织布鸟，雄织布鸟会用草精心编织它们的爱巢。当巢做好以后，雌织布鸟就会来"验收"。如果它不喜欢，雄织布鸟就要重新编织一个巢了。

树叶旅馆

卷叶蛛很聪明，它会将枯叶编织到蛛网中央，然后藏进去。把枯叶卷起来需要一些技巧，所以小卷叶蛛通常会从更容易折弯的新鲜叶子开始练习。

沟通的桥梁

我们是如何交流的?

人类通过语言来交流,全世界有7000多种不同的语言!动物和植物也有它们自己特殊的"语言"。

骄傲的歌唱家

澳大利亚的琴鸟会模仿其他鸟类的叫声,还会模仿汽车的报警声、电锯声和人说话的声音!雄琴鸟还会一边跳舞一边发出这些声音来吸引雌琴鸟。

颜色的密码

银磷乌贼(加勒比珊瑚礁鱿鱼)会通过改变身体颜色来跟同伴交流。通过不同的颜色,它们可以表达对捕食者靠近的警告,还可以宣示爱的主权。

雨林里的谈话

在雨林里，眼镜猴用超声波跟同伴保持联系。不用担心它们会被捕食者发现，因为它们发出的超声波其他动物是听不到的。

会自我保护的植物

蚕豆可以通过在根部释放化学物质来彼此传递信息。如果一株蚕豆受到蚜虫攻击，它会提醒附近的蚕豆做好应对攻击的准备。

下雨天

下雨了，我们可以去外面玩吗？

下雨时，我们想去外面玩，就得穿上雨衣，或者打雨伞。可是动物和植物怎么办呢？它们有些会寻找躲雨的地方，有些则采取不同的应对方法，有些就干脆随"雨"而安。

实用的大尾巴

在小雨中，成年松鼠可以用尾巴遮蔽身体，就好像给自己撑起一把雨伞。

远离高温

高温下，蜗牛的身体会很快干掉，所以在艳阳高照的时候，它总是藏在凉爽的地方。蜗牛在下雨天和夜晚最为活跃，此时正是它们出来觅食的时候。

14

保护衣

　　蝴蝶娇弱的翅膀上有一层特殊的鳞片，能为它们防雨。雨滴落在蝴蝶翅膀上，会散为很多非常小的水珠飞溅出去。

湿润的环境

　　蘑菇喜欢在潮湿的地方生长，它们等到下雨后才从地下破土而出。

15

美妙的水

谁可以没有水活着？

世间万物——从小小的种子到巨大的蓝鲸——都需要水才能生存。人类如果没有水，最多只能存活三天！对生长在气候非常干旱的地区的植物和动物们来说，寻找水源可是颇费一番工夫的。

聪明的仙人掌

仙人掌庞大的根系可以帮助它们快速吸收地下的水分，尖尖的刺（退化的叶子）可以减少水分蒸发。它们将水储存在茎部，然后用刺来防止自己被口渴的动物吃掉。

沙 浴

棘蜥喝水不直接用嘴，而是在雨后将自己的身体埋在潮湿的沙土里，用皮肤上特殊的褶皱，将水引到嘴角处。

口渴的骆驼

在戈壁沙漠，到了寒冷的冬天，没有太多可供饮用的水。双峰骆驼有时会吃雪来缓解口渴！

饮料派送员

沙鸡的羽毛很特别，可以吸收水分。成年沙鸡会用羽毛浸满水带回给巢里的小沙鸡。

聪明的甲虫

纳米布沙漠甲虫有着特别聪明的喝水方式：晨雾在它们的翅膀上凝结成小露珠，纳米布沙漠甲虫就让这些小露珠滚进嘴里。

我们是一家

家庭里有哪些成员？

人类的家庭有不同的家庭成员，包括父母、姑妈、姨妈、叔伯、舅舅、堂兄弟姐妹、表兄弟姐妹、祖父母、外祖父母等。跟人类一样，很多动物也和它们的家庭成员生活在一起。

全家出动

白额蜂虎鸟与它们的父母、兄弟姐妹、祖父母有时甚至是姑妈、姨妈、叔伯及舅舅们一起生活。当家庭中的一只雌鸟产卵以后，其他家庭成员都会为它送来食物。

母系社会

几代母象，包括祖母、母亲、女儿、孙女及它们的姐妹，都生活在同一个象群里。母象间的关系非常亲密，它们会一起保护和养育幼象。

特殊的气味

狮子是非常喜欢社交的猫科动物。它们互相舔毛，用头蹭来蹭去。家族成员的气味彼此混合，可以加强感情。

相亲相爱

在非洲野狗族群中，每个成员各司其职，彼此照顾。最强壮的非洲野狗捕食回来后，会将吃下去的食物反刍喂给小的、受伤的和年老的非洲野狗，确保每个成员都有东西吃。

生日快乐

你会看树的年龄吗？

随着年龄的增长，我们的头发会开始变白，皮肤会长出皱纹。每当我们为自己举办一次生日派对，就说明我们的年纪又长了一岁。动物和树是没有生日派对的，但它们也会给我们一些线索，让我们来猜猜它们到底多大了。

蛤蜊寿星

科学家曾在冰岛发现一只北极蛤，通过数贝壳上面的环纹，断定它有 507 岁了。它出生时正是中国明朝时期，因此，科学家将它以"明"命名。

写在鱼鳞上

你可以通过数鱼鳞上的年轮来知道鱼的年龄——不过这也许要用到显微镜！

成长的圆圈

数一数树干的年轮，你就能知道这棵树几岁了。在英国的威尔士有一棵紫杉树，人们认为它已经有 3000 ~ 4000 岁了。

化石上的秘密

岩石是按层形成的，最古老的岩层在下面，越往上岩层越新。一些岩层里含有动物的化石，例如恐龙化石，这些化石可以帮助科学家研究岩层形成的时间。

21

快快长大

新生命是如何长大的?

地球上所有生命都是从小开始慢慢长大的。就像人类从初生的小婴儿,到儿童,再到最终长大成人一样,动物的成长也会经过不同的阶段。

蜻蜓

蜻蜓在水里产卵。

几周后,卵孵化出稚虫。

当稚虫长大,它们就从水里爬出来,蜕掉外皮变成小蜻蜓。

马

马宝宝又叫小马驹,它在出生几分钟后就可以站起来。

4岁时,小马就成年了。

1岁以后,小马就可以独自生活了。

青蛙

青蛙的生命是从一团团的卵开始的。

卵孵化成小蝌蚪。5 周后，它们就开始长出腿。

2 年后，小青蛙长到成年青蛙的大小。

14 周后，蝌蚪变成小青蛙，准备离开水生活。

鸭子

母鸭每窝会生大约10个蛋，孵化期为 28 天。

小鸭子钻出蛋壳要花 24 个小时左右。

50 ~ 60 天后，小鸭子可以飞了，准备好独立生活了。

出生后的最初几天，小鸭子寸步不离地跟着鸭妈妈。夜晚，鸭妈妈把小鸭子护在翅膀下保暖。

寻找大自然

为什么我们应该进行户外活动?

在户外玩耍很有趣,这是毋庸置疑的。可是你知道吗,这样做对你的身体也有好处!身处自然环境*中会让你更健康、更快乐,甚至变得更聪明。所以,为什么不试试看呢?

发现自然

只要花 10 分钟欣赏一下绿色的风景,就可以让我们感觉更放松。因为当我们专注于观察周围的自然环境时,就不会去胡思乱想或者过度担忧了!

芳香四溢

刚割过的青草散发出的芳香和松树林间的气味都会让你感到更加平静和放松。在日本,人们会去做"森林浴"——让生活的节奏慢下来,享受森林里的美好气息。

自然之声

一些科学家认为，听鸟鸣会让我们更加快乐。大自然的声音能帮我们舒缓压力，释放负面情绪，令我们精力更加集中。

泥巴的作用

玩泥巴也能提升我们的精气神。泥巴中含有的微生物可以令我们的身体产生更多血清素，让我们开心。

*别忘了，无论空间大小，你都可以为自己营造一些绿意。例如种植一些室内植物，或者在阳台上种一些盆栽植物，打造一个阳台小花园。

团队的力量

我们为什么要互相帮助？

有些工作我们无法独立完成，需要来自兄弟姐妹、朋友和同学们的帮助。我们在一起工作，这就是团队协作。像人类一样，野外的很多动植物也会互相帮助。

芳香怡人

雄性兰花蜂靠释放从兰花中收集的气味来吸引雌蜂，在访花过程中，它们也会为花朵授粉。

认真的牙医

传说中，鳄鱼会把嘴张得大大的，让埃及鸻（牙签鸟）帮它们清理嘴里的食物残渣及寄生虫。鳄鱼清洁了口腔，埃及鸻也得到了一份美餐。但这种共生关系尚未得到证实。

感恩的蚂蚁

蚂蚁住在镰荚金合欢的刺里，以刺分泌的浆液为食。为了表示感谢，蚂蚁就承担起守卫的职责，在有动物来啃食镰荚金合欢的树叶时进行干扰。

安全的避风港

海葵的触手有毒，小丑鱼就生活在这些触手之间。如此一来，以小丑鱼为食的捕食者就不敢靠近了。而小丑鱼扇动鱼鳍游来游去，也帮助海葵得到更好的水流循环。

换毛的季节

我们为什么会掉头发？

当你在梳头时，有时会梳掉一些头发，这是正常的新陈代谢，我们每天都会有一些头发自然脱落。植物的叶片和其他动物的皮毛也会脱落，以此来适应气候的变化和生长的需要。

秋天的变化

秋天，树木开始落叶，这样可以在寒冬时节减少水和养分的消耗。

保持凉爽

炎热的夏天，狗狗，比如西伯利亚雪橇犬（哈士奇），会褪掉冬天的厚毛，轻装度过夏天。

紧致的表皮

玉米锦蛇的身体不断长大，但表皮却不会跟着一起长，所以它会蜕掉外面的老皮，露出新皮。

适合飞翔的羽毛

加拿大雁要飞行很远的距离，它们需要非常适应飞翔的羽毛。它们会在一段时间内换掉所有羽毛，所以会有一阵子不能飞行。

迷人的鹿角

公鹿长了一副令人惊叹的鹿角，这可以吸引母鹿，或击退其他公鹿，所以保持鹿角健康很重要。这也是它们的鹿角每年都会脱落并长出新鹿角的原因。

漫长的旅行

我们到了吗?

人类周游世界，去度假，或去拜访生活在其他国家的朋友或家人。很多动物每年也会踏上旅程，去寻找食物更充沛、气候更温暖的地方养育下一代。

更绿的草地

每年夏天，大约有 10 万头驯鹿来到食物充足的北极圈冻土带，并在那里诞下小驯鹿。到了冬天，它们便会向南迁徙，寻找苔藓和地衣充饥。

长距离游泳健将

座头鲸是世界上迁徙距离最长的哺乳动物之一，它们每年平均迁徙距离达 5000 千米。

帝王蝶大迁徙

帝王蝶的迁徙之旅从加拿大出发，南下数千千米，最终抵达墨西哥。每只帝王蝶在破茧成虫那一刻，便已踏上了自己祖先们飞过千万次的道路。

跨越地球两端

每年，北极燕鸥都会从北极的繁殖地飞到南极，在地球的两端经历两次夏季。

觅食的乐趣

我们可以在野外找到食物吗？

　　动物在野外觅食。它们通常在自己的栖息地内寻找食物。我们人类可以自己种植果蔬，或者直接去超市购买，偶尔也可以去野外采摘一些浆果、香草和坚果。

食物储藏间

　　缘木林跳鼠的地洞里有特殊的食物储藏间，可以用来存放夏天采集的食物。它会收集种子、根茎、浆果和坚果，储藏起来，留着冬天吃。

随身购物袋

　　花栗鼠在森林里采集坚果和浆果。它们的两腮就像购物袋，可以把食物装起来，带回洞穴里，留着以后吃。

超级侦察兵

大角鸮在树枝上寻找猎物。它会捉兔子、老鼠，喜欢在山毛榉、棉白杨和刺柏上建巢。

不挑食的郊狼

郊狼几乎什么都吃，它会捉兔子、青蛙、昆虫，有时甚至是蛇，同时它也吃水果和草。

四季的变化

为什么季节总在变化？

地球在自转的同时，还会不停地围绕太阳公转。当地球离太阳近的时候，天气就热起来；当地球离太阳越来越远，夏天就会结束了。如果季节不变化，那就等于说地球不再公转了！

春回大地

春天是新生命诞生和成长的季节。植物蓬勃而发，朝向太阳，孩子们也在春天的几个月长得最快！

冬之伊始

天气渐渐变凉，我们穿上更多衣服保暖。动物们也会长出更厚的皮毛。白天变短，有些动物要冬眠了。

34

沐浴暖阳

水是度过炎热夏天的必需品。小鸟开始寻找食物，芳香的夏花（例如茉莉花和金银花）在晚上吸引飞蛾。

秋叶静美

秋天，树叶从绿色变成金黄和橙红，并开始掉落。浆果成熟，蘑菇从潮湿的地里钻出。

逐日者

我们为什么热爱阳光？

我们星球上几乎所有生物都需要阳光。每天晒一晒太阳会令我们的身体更加强壮。植物也需要阳光，它们利用阳光来制造生长必需的养分。

寻找太阳

大野芋（象耳芋）的叶子能长到 1.8 米那么长，这样可以捕捉到尽可能多的阳光，因为它们生长在雨林的底层，那里的阳光大多被高层的树木遮挡。

阳光下打盹

我们总能看到猫在阳光下打盹。这是因为它们的体温在打盹时会降低，阳光能帮它们保暖。

羽毛护理

乌鸫（dōng）喜欢展开翅膀晒太阳。阳光可以帮助它分泌油脂使羽毛防水、灵活，还能驱赶讨厌的寄生虫。

温暖身体

像蜥蜴这样的变温爬行动物无法靠自身代谢保持身体恒温，它们要通过晒太阳来调节体温。

追寻阳光

雏菊在晚上合上花瓣，白天再打开。白天，太阳在空中移动，雏菊也跟随太阳调整方向。

我们周围的空气

如何保持空气清新?

我们吸入氧气,呼出二氧化碳。二氧化碳过多会导致全球气候变暖,但幸运的是,植物可以吸收空气中的二氧化碳,释放氧气。所以,我们应该爱护花草树木。

地球之肺

亚马孙雨林里的每一棵树都能帮助我们制造氧气,吸收二氧化碳。然而,在亚马孙地区发生野火的次数越来越多,我们要保护雨林,以减缓气候变化。

伟大的海洋

海洋吸收地球产生大量的二氧化碳。二氧化碳不只是被海水吸收了，海洋里的藻类、珊瑚、海草还有浮游生物也会吸收二氧化碳！

奇异的森林

海藻森林对地球很重要，因为它们可以吸收大量二氧化碳。分布于北美太平洋沿岸海域的巨藻森林是世界上最大的海藻森林之一。

神奇的海草

海草在海洋浅水区生长，这样它们在水下也能利用太阳的能量！一平方米的海草每天可以产生 10 升氧气。

39

万物彼此相关

什么是生态系统？

生态系统是生物群落及其物理环境相互作用的自然系统。生态系统里的生物息息相关，所以人类要小心爱护我们的环境，不能让其受到破坏。无论生活在世界的哪个地方，你都是生态系统里的一部分。生态系统可以非常大，例如整个热带雨林；也可以非常小，例如一个池塘。

豆娘喜欢在池塘附近的草丛里觅食。

仲夏时节，断木、石头为蝾螈和蟾蜍提供了藏身之所。

蝌蚪白天活动在阳光充足的浅水区，夜晚则会到更深的水里藏身。

对黑水鸡来说，池塘附近的植被给它们提供了食物和夜晚安睡的地方。

蜻蜓在植物靠近水面的茎或者叶子上产卵。

鸭子最喜欢在池塘里的水草中寻找食物，青蛙们也喜欢在水草里藏身。

世界各地

每个地方的十二月都很寒冷吗？

我们感受到的温度取决于我们在地球上所处的位置和太阳当时在地球上直射点的位置。如果你和亲人或朋友住在地球上的不同地方，那就有可能在同一时间，你们当地的天气，甚至所处的季节都会不同。

夏季月份

在北半球，夏季是六月、七月和八月，冬季是十二月、一月和二月。在南半球则完全相反。所以，如果你和你的朋友分别住在南、北半球，当你处在盛夏季节时，你的朋友却在度过严冬！

特别的影子

你知道吗？同一时间，在世界上不同的地方，你的影子的方向还不一样呢！正午时分，在北回归线以北，你的影子会指向北方；而在南回归线以南，你的影子会指向南方。

旋转的水

在南半球，大漩涡是顺时针旋转的，而在北半球则是逆时针旋转的。有些人认为，浴缸里的水在流入下水道前也遵循这个规律。

转圈圈

在南半球，大多数龙卷风顺时针旋转，而在北半球则是相反的方向。

便便星球

便便有什么用处？

几乎地球上的所有动物都会拉便便，可是便便有什么用呢？有些动物的便便实际上是很有用处的，它可以帮助植物传播种子，也能为森林、农场和花园里的植物提供养分。对于有些动物来说，便便甚至还是一种很好的食物……

肥沃的土壤

农夫和园丁喜欢用马或者牛的粪便来当作肥料。这些粪便又叫作有机肥，会让土壤更加肥沃，从而长出更茁壮的作物，开更多的花，结更多的果实。

伟大的粪球

蜣螂（屎壳郎）在看到大象或者犀牛的便便时，会立即将其滚成一个球的形状，然后推走。蜣螂以便便为食，雌性蜣螂还会将卵产在粪球里面，这样它们的下一代一出生就能有吃的东西。

树上的卫生间

　　澳洲啄花鸟喜欢吃槲寄生的浆果，于是它们的便便里面就会有槲寄生的种子。它们飞走的时候，就会把种子播撒到各处。

鱼 友

　　在巴西潘塔纳尔湿地，植物的果实会在雨季陆地上有洪水的时候掉落下来。鱼吃了掉进水里的果实，就会将便便里的种子传播到它们游过的地方。

45

精彩的骨头

我们的身体是如何运动的？

每个人都有骨骼，骨骼是由很多不同种类的骨头组成的。骨骼可以支撑我们的身体，让我们可以自由活动。骨骼也能告诉我们很多有关动物行为的信息——我们正是通过研究恐龙骨骼化石来了解它们的！

倒挂的蝙蝠

蝙蝠的前肢有四根细长的手指，起着连接皮膜的作用。蝙蝠的后肢上有像钩子一样的爪子，可以帮助它们倒挂着睡觉。

天生的速度

猎豹的骨骼为速度而生。猎豹有非常长的腿骨和灵活的脊柱，每步可以有 7 米远。

弯弯曲曲

绿树蟒会将自己紧紧地缠在树枝或者猎物身上。它的脊柱非常长，有几百根肋骨，几乎从头到尾都是，这使它的身体既强壮又灵活。

轻如鸿毛

游隼最快的飞行速度可以达到每小时 321 千米。游隼的骨头是中空的，这样能让它们的身体非常轻，飞行时消耗尽可能少的能量。

47

绝顶聪明

谁是最聪明的?

每个人都有大脑，它使我们能够思考、创造和学习。和我们一样，其他动物也拥有大脑，它们也可以非常聪明。

松鼠的假动作

松鼠会将食物埋藏起来，这样在冬天就有东西吃了。有时它们会假装埋一些食物，以此来迷惑在旁边盯着它们的动物。

照镜子

海豚是最聪明的动物之一，科学家发现，它们能认出镜子里的自己。

自制"铠甲"

有些章鱼发现椰子壳是很方便的藏身之处。它们带着椰子壳，如果遇到危险，就把它当作铠甲。

"音乐家"

雄性棕榈凤头鹦鹉会用树枝当作乐器来吸引未来的伴侣。每只雄性棕榈凤头鹦鹉都有自己的音乐节奏，它用树枝去敲打空心的树干，就好像敲鼓一样。

蚂蚁"农夫"

切叶蚁会将树叶切成小片运回自己的蚁穴，然后用这些叶子来培养真菌。切叶蚁就这样在自己的领地里安全地培养真菌，饿的时候就去收割来吃。

超强感官

我们为什么会有感官？

　　我们的感官能帮助我们了解周围的世界，尤其是可以让我们远离危险。有些动物的感官要比人类灵敏得多。

吐信子

　　蛇不像人那样用鼻子来闻气味，它们的鼻孔只用于呼吸。蛇用舌头来探测空气里的气味、感知周边的危险或者猎物。

敏锐的感觉

生活在意大利西西里岛埃特纳火山附近的山羊在火山喷发前会变得焦虑。野生动物专家认为，这是因为山羊能比人类更早地感觉到地底的震动。

灵敏的听力

蜡螟的听力非常灵敏，可以在黑暗中躲避蝙蝠这样的捕食者。

不同寻常的眼睛

螳螂虾的眼睛可以向任意方向转动，这样它就可以侦查到周围想要偷袭它的捕食者。

给予和索取

我们的物品是拿什么做的？

我们制造物品需要用到很多原材料。有的原材料来自大自然，比如植物、动物或者地下矿产；有的原材料是人造的。不论这些原材料从何而来，我们都要注意不要消耗太多！

神奇的木头

你知道吗？我们写字用的铅笔和纸都是以木头为原料制成的。如果我们能尽可能地回收利用废旧纸张，就不用砍伐过多树木了。

漂亮的衣服

我们穿的衣服有很多是用棉花或者羊毛等材料做成的。棉花是包裹在棉属植物种子表面的纤维，羊毛来自绵羊或山羊。

来自泥土

在家里找找看，你也许会发现用泥土做成的物品。泥土是一种天然材料，用它烧制的物品会非常结实。泥土可以做成砖、花盆，甚至是用来喝热巧克力的马克杯！

"有问题"的塑料

遗憾的是，我们用的很多物品，例如水瓶和牙刷，都是用塑料制成的。普通塑料制品的问题是，它不会像纸张或者食物那样自然降解，这就说明它们会一直留存在我们的地球上，因此重复利用塑料制品是很重要的。我们也可以用其他材料来代替塑料，例如用玻璃做瓶子或者用竹子做牙刷！

垃圾回收

将垃圾扔到错误的地方对动物和环境都有害，所以千万不能乱扔垃圾。我们可以分门别类地回收利用塑料、金属、玻璃甚至剩余食物，让垃圾变废为宝！

睡觉时间到

现在就要去睡觉吗？

所有生物都需要休息。就像吃东西一样，睡觉也是生存最基本的需要。睡觉能让身体放松，为第二天的活动做好准备。我们人类喜欢睡在柔软舒适的床上，但是动物们休息的方式可是千奇百怪。

站着打盹

奶牛有时会站着小憩几分钟，如果要长时间休息的话，它们会卧下身子。

双手紧握

海獭睡觉时会将海草缠在身上，有时还会和同伴手拉手，这样它们就不会被水流分开啦。

林中居民的时钟

太阳落山时，笑翠鸟聚在树上一起休息过夜。太阳升起时，它们就会一起大声鸣叫，声音可真不小。

等待升温

蝴蝶傍晚时开始睡觉，因为它们在夜晚天气变冷的时候不能飞。它们藏在大树叶或者树枝下睡觉，等待早晨温度升高，暖和起来后，再飞起来。

55

保护自然

我们如何保护周围的自然环境？

就算你只有阳台、花园，哪怕是只有几个花盆，自然都在你的身边，需要你的帮助。保护自然环境和野生动物最好的方法是让动物们有足够多安全的栖息地和充足的食物。

拯救野草

让你的花园自然生长，不要拔光所有野草。像蒲公英和荨麻这样的植物能够给蜜蜂、蝴蝶和其他重要的传粉者提供食物。

蟾蜍的家

挖一个 30 厘米深的坑，在里面放上木棍和石头。在木棍之间留出空隙，这样青蛙、蟾蜍和蝾螈就可以在里面活动了。再在顶部盖上一半的土和叶子，但记得要保持入口处通畅。最后可以在上面撒上一些野花的种子，或者用小树枝伪装一下。

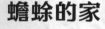

栅栏上的洞

你可以在栅栏上开一个小洞，让野生动物可以在花园间来去自由。刺猬、青蛙和蟾蜍喜欢在大范围的地方寻找食物和安全的栖息地。

迷你池塘

你可以用旧的洗衣盆或者其他容器做一个迷你池塘。首先，在里面用石头铺成台阶或斜坡，这样小动物就可以进出这个小池塘。然后在底部铺一层鹅卵石，注入清水，再加入一些水生植物，例如池塘水草。最后，等着看谁先拜访你的小池塘吧！

找一找

你找到这 15 幅图里的小脚印了吗？

16~17 美妙的水

8~9 我们都是独一无二的

20~21 生日快乐

10~11 家，美好的家

24~25 寻找大自然

12~13 沟通的桥梁

36~37 逐日者

40～41 万物彼此相关

48～49 绝顶聪明

42～43 世界各地

50～51 超强感官

44～45 便便星球

52～53 给予和索取

46～47 精彩的骨头

56～57 保护自然

自然物语

做个懂自然的小专家！

迁徙

有些动物会在每年的特定季节离开目前的所在地，到地球的另一个地方去。在那里，它们可以找到更充足的食物，也能更好地繁育后代。

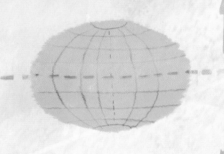

北

南

半球

半球指地球的一半。地球被赤道分成南、北两个半球。

濒危物种

濒危物种是指种群数量很少、处于危亡状态的野生动植物。

生态系统

生态系统是生物群落及其物理环境相互作用的自然系统。生态系统可以非常大，例如整个热带雨林；也可以非常小，例如一个池塘。

全球变暖

指全球平均气温升高的现象。它会使冰川冻土消融，海平面上升等。

气候变化

地球气候在一段长时间内的变化。气候变化产生的原因很复杂。

索 引

送给亲爱的诺亚和塔瓦尔，爱你们。

图书在版编目（CIP）数据

走进奇妙的自然世界 ／（以）尤瓦·左默著绘；范晓星译. —— 上海：上海人民美术出版社，2023.4
书名原文：The Big Book of Belonging
ISBN 978-7-5586-2657-9

Ⅰ. ①走… Ⅱ. ①尤… ②范… Ⅲ. ①自然科学—儿童读物 Ⅳ. ①N49

中国国家版本馆CIP数据核字（2023）第053883号
著作权合同登记号：图字09-2023-0242

走进奇妙的自然世界

著　　者：　［以］尤瓦·左默
译　　者：　范晓星
责任编辑：　罗秋香
策划编辑：　张梦可
装帧设计：　康苗苗
美术编辑：　熊灵杰
出版发行：　上海人民美术出版社
地　　址：　上海市闵行区号景路159弄A座7楼
邮　　编：　201101
网　　址：　http：//www.shrmbooks.com
印　　刷：　恒美印务（广州）有限公司
开　　本：　787×1092　1/8　9印张
版　　次：　2023年4月第1版　2023年4月第1次印刷
书　　号：　ISBN 978-7-5586-2657-9
定　　价：　108.00元

策　　划：　海豚传媒股份有限公司
网　　址：　www.dolphinmedia.cn　　邮　箱：　dolphinmedia@vip.163.com
阅读咨询热线：　027-87391723　　销售热线：　027-87396822
海豚传媒常年法律顾问：　上海市锦天城（武汉）律师事务所
张超　林思贵　18607186981

THE BIG BOOK OF BELONGING

Published by arrangement with Thames & Hudson Ltd, London
The Big Book of Belonging © 2021 Yuval Zommer
This edition first published in China in 2023 by Dolphin Media Co., Ltd, Wuhan
Simplified Chinese Edition © 2023 Dolphin Media Co., Ltd
本书简体中文字版权经英国 Thames & Hudson 出版社授予海豚传媒股份有限公司，由上海人民美术出版社独家出版发行。